DR.-ING. E. h.
RUDOLF BINGEL

DIE ELEKTRIZITÄT IM AUFGABENKREIS DER DEUTSCHEN TECHNIK

Festvortrag

gehalten am 24. Mai 1938 auf der

Tagung des Verbandes Deutscher Elektrotechniker

im großen Saal des Gürzenich zu Köln

Mit 33 Abbildungen im Text
und einem Bildnis

SPRINGER-VERLAG BERLIN HEIDELBERG GMBH

ISBN 978-3-642-89543-2 ISBN 978-3-642-91399-0 (eBook)
DOI 10.1007/978-3-642-91399-0

Softcover reprint of the hardcover 1st edition 1938

Erweiterter Nachdruck eines Vortrages aus der ETZ, Heft 25, Jahrgang 1938.
Alle Rechte, insbesondere das der Übersetzung in fremde Sprachen, vorbehalten
Druck der Spamer A.-G. in Leipzig.

*Dem Gedächtnis
des Siemens-Ingenieurs
Geh. Regierungsrat Prof. Dr.-Ing. Dr.-Ing. E. h.*
Walter Reichel
* 1867 † 1937

INHALTSÜBERSICHT

Seite

Die deutsche Technik muß sich heute mehr denn je bemühen, aus der geleisteten Arbeitsstunde ein Maximum an Arbeitsleistung zu erhalten 13

Ein Vergleich der Leistungsfähigkeit des Menschen mit den Energiemengen der Technik zeigt, daß der Mensch schon allein durch den Einsatz elektrischer Energie etwa mit dem 20 fachen seiner eigenen Leistungsfähigkeit unterstützt wird 16

Der spezifische elektrische Arbeitsinhalt als neuer Maßstab für die Bedeutung der Elektrotechnik 19

Die Arbeitserleichterung, die die Technik gebracht hat, läßt sich formelmäßig im Mechanisierungsgrad zum Ausdruck bringen 20

Das Grundgesetz der Antriebstechnik führt zur Steigerung von Menge und Güte in der industriellen Produktion 26

Die chemische Industrie fordert Spitzenleistungen jeder Erscheinungsform der Elektrizität. 36

Die verschiedenen Wertigkeitsstufen beim Einsatz elektrischer Energie führen vom indirekten Antrieb über den direkten Antrieb, über die verschiedenen Stufen der Elektrowärme zur Elektrolyse und schließlich zur Atomzertrümmerung 40

Seite

Die elektrische Energie löst viele Wärmeaufgaben in vollkommener Weise 49

Die Beleuchtungstechnik zeigt eine ähnliche Entwicklungslinie wie die Antriebstechnik; das Streben nach erhöhter Wirtschaftlichkeit wird zu neuen Lichtquellen führen 54

Neue physikalische Erkenntnisse bilden die Grundlage zum Bau von Maschinen und Apparaten zur Wandlung der elektrischen Energie 61

Ultraschall, ein neues, aussichtsreiches Einsatzgebiet elektrotechnischen Schaffens 64

Der Kathodenstrahl-Oszillograph als Hilfsmittel, um schnellste Vorgänge zu erfassen 66

Das Übersetzungsverhältnis vom Impuls zur Steuerwirkung unserer Regeltechnik hat sich vervielfacht 72

Die leichte betriebsmäßige Meßbarkeit der elektrischen Energie hat den Maschinenbau befruchtet 75

Das Elektronen-Mikroskop führt zu einer großen Ausweitung der Möglichkeiten des Erkennens 77

Nicht allein das Erreichte, sondern die Zukunftsaufgaben müssen den Gradmesser für die Bedeutung der Elektrotechnik bilden 90

Einanker-Umkehrwalzmotor 19000 Kilowatt Höchstleistung
350 Tonnenmeter Höchstdrehmoment

„Nur wer gut pflügt und mit Umsicht sät,
nur der wird auch reich ernten!"

Die Elektrotechnik hat in einem ungeheuren Sturmlauf die Industrie, ja unsere gesamte Lebenshaltung durchdrungen und beeinflußt. Sie ist in wenigen Jahrzehnten in immer breiterer Front vorwärts geschritten und hat zu einer intensiven und folgenreichen Entwicklung geführt. Es ist deshalb schwierig geworden, das weite Gebiet der Elektrotechnik in der Industrie zu überschauen und geradezu unmöglich, innerhalb einer Stunde über dieses große Arbeitsgebiet erschöpfend zu berichten. Zudem ist die Elektrotechnik sowohl in ihrer Gesamtheit als auch auf den zahllosen Einzelgebieten in den letzten Jahren schon so häufig behandelt worden, daß es als Wagnis erscheinen muß, nochmals zu diesem Thema zu sprechen. Obwohl ich mir dieser Schwierigkeiten bewußt bin, habe ich der Aufforderung zu diesem Vortrag doch gerne Folge geleistet. Ich habe mich dabei von dem Gedanken leiten lassen, daß wir alle heute inmitten großer Aufgaben stehen, die unsere ganze Kraft

und unser ganzes Können in Anspruch nehmen. Deshalb ist die Gefahr groß, daß wir den Überblick verlieren und durch unseren Einsatz auf Teilgebieten die großen Entwicklungslinien und weiten Möglichkeiten, die die Elektrotechnik auch heute noch in sich birgt, leicht übersehen. Aus diesem Grunde erscheint es mir lohnend, wenn wir uns einmal von unseren Einzelbereichen loslösen und den Versuch machen, wenige markante Entwicklungslinien aus dem großen Gebiet unseres technischen Schaffens herauszuschälen. Dabei ist es selbstverständlich, daß vieles, was interessant und wissenswert sein mag, heute nicht gesagt werden kann. Ebenso wird es sich nicht vermeiden lassen, einige Gebiete nur mit einem Hinweis zu streifen, trotzdem erst eine eingehende Behandlung und die Darstellung der physikalischen Zusammenhänge die wünschenswerte Exaktheit und Klarheit sicherstellen würden.
Bei der Durcharbeitung des umfangreichen Materials, das sich zwangläufig anhäuft, wenn man das Thema:
„Die Elektrotechnik in der Industrie"
behandeln will,[1] habe ich nach bestimmten Gesichts-

---
[1] Der Vortrag wurde zunächst mit diesem Thema angekündigt.

punkten eine Auswahl treffen müssen. Der Hauptgesichtspunkt, nach dem ich dabei vorgegangen bin, war, einmal den Versuch zu machen, die Bedeutung der Elektrotechnik zu skizzieren und dabei besonders auf unsere deutschen Verhältnisse Rücksicht zu nehmen. Eine genauere Fassung des Themas muß deshalb lauten:
„Die Elektrizität im Aufgabenkreis der deutschen Technik".
Der Führer hat die Aufgabe der deutschen Technik und damit auch die der Elektrotechnik anläßlich der Reichstagseröffnung in diesem Jahr vorgezeichnet. Er hat dabei ausgeführt, daß wir nunmehr in eine neue Phase unserer nationalen Produktion eintreten und dabei durch verstärkte Mechanisierung und Elektrifizierung danach trachten müssen, diejenigen Arbeitskräfte frei zu bekommen, die für neue große Aufgaben gebraucht werden. Wir stehen in Deutschland vor dem für Industrienationen seltenen Ereignis, daß ein fühlbarer Mangel an Arbeitskräften vorhanden ist. Das bedeutet, daß sich die deutsche Technik heute mehr denn je bemühen muß, aus der geleisteten Arbeitsstunde ein Maximum an Arbeitsleistung zu erhalten.

Wir dürfen uns bei dieser Gelegenheit daran erinnern, daß es noch nicht allzulange her ist, daß man in manchen Kreisen den Wert und die Stellung der Technik vielfach verkannt hat. Man war zum Teil auf dem besten Wege, von der Maschine zum Handwerkszeug zurückzukehren. Man muß hier feststellen, daß nicht die Technik versagt hat, sondern daß Krisen aller Art es zum Teil unmöglich gemacht haben, die Segnungen der Technik und ihre Erfolge richtig einzusetzen und auszuwerten. Wenn wir nun verstärkt in der Richtung arbeiten: „hohe Produktion bei wenig Arbeitsstunden" und uns überlegen, welche Aufgaben hierbei der Elektrotechnik zufallen, dann wollen wir zunächst einen Blick auf die Energiewirtschaft und den Energiehaushalt werfen. Wir wissen heute, daß die physische Leistungsfähigkeit des Menschen nicht ausreichend ist, um ein allgemein hohes Lebensniveau zu schaffen. An den Lebensformen primitiver Völker können wir noch heute erkennen, welch eng begrenzte Möglichkeiten in der ausschließlichen Anwendung der menschlichen Arbeitskraft liegen. Untersuchungen über die physische Leistungsfähigkeit des Menschen zeigen, daß hier sehr

3. Wertigkeitsstufe
des Einsatzes

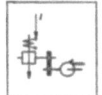

Einheitsdrehbank mit
elektrischem Einzelantrieb

große Schwankungen möglich sind. Diese Schwankungen erklären sich aus der Verschiedenartigkeit der Arbeitsformen und aus den individuellen Unterschieden. Um vergleichende Betrachtungen anstellen zu können, kann man wohl die Dauerleistung eines erwachsenen Menschen bei 8 stündiger körperlicher Arbeit zu 50 bis 60 Watt annehmen.

Wir wollen nun diese Leistungsfähigkeit in Vergleich setzen zu den Energiemengen, die uns die Elektrotechnik zur Bereitstellung mechanischer Arbeit liefert. Im Jahr 1937 betrug die gesamte Stromerzeugung in Deutschland 50 Milliarden Kilowattstunden. 75 von Hundert der elektrischen Energie wurden dabei in Elektromotoren zum Antrieb von Arbeitsmaschinen in mechanische Arbeit umgewandelt. In der deutschen Industrie sind insgesamt 14 Millionen Menschen, zum allergrößten Teil Handarbeiter, beschäftigt, so daß bei einer mittleren jährlichen Arbeitszeit von 2400 Stunden auf jeden Beschäftigten der Industrie eine mechanische Arbeitsleistung von 1,1 Kilowatt entfällt. Hieraus geht hervor, daß der Mensch schon allein durch den Einsatz von elektrischer Energie etwa das 20fache seiner eigenen Muskelleistung als Unterstützung erhält, ganz abgesehen davon, daß durch die Automatisierung und die Verfeinerung der Produktionswerkzeuge eine weitere zum Teil gewaltige Vervielfachung der Schaffenskraft entsteht.

Die Bedeutung der Energiequellen auf unserem Erdball ist von allen Seiten längst erkannt, so daß viele Bewegungen der Wirtschaft und der Politik ihren Ursprung in der Lage und der Bedeutung der Energiequellen in der Welt haben, die ja gleichzeitig mit die Quellen des Wohlstandes sind. Wir wollen zunächst einen kurzen Blick auf die Art der Energiequellen werfen und bei dieser Gelegenheit die Stellung und die Bedeutung der Elektrotechnik skizzieren.

Das folgende Bild zeigt uns die verschiedenen Arten der Energiequellen und gibt gleichzeitig an, in welchem Ausmaß sie an der Bereitstellung elektrischer Arbeit beteiligt sind. Wir erkennen die überragende Bedeutung, die den festen Brennstoffen Steinkohle und Braunkohle noch zukommt; 75 von Hundert der elektrischen Energie werden hieraus gewonnen. Auch die Wasserkräfte liefern schon einen beachtlichen Anteil, der aber früher oder

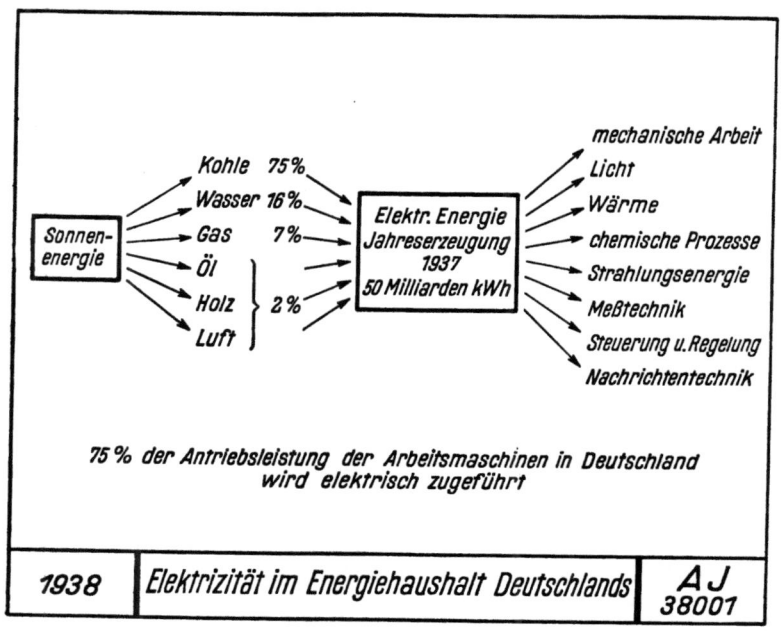

später, da wir unsere Kohlevorräte unbedingt schonen müssen, stärker zum Einsatz kommen wird. Die übrigen Energiequellen sind teilweise zu wenig ergiebig, ihre Ausbeutung zu unwirtschaftlich und zum Teil auch in absehbarer Zeit vielleicht zum Versiegen verdammt.
Auf der Seite des Verbrauchs elektrischer Energie wollen wir durch eine besondere Betrachtungsweise die Bedeutung der elektrischen Energie in bezug auf die

Intensivierung der Arbeit kennenlernen. Wir wollen versuchen, ein Bild zu entwerfen, das zeigt, in welchem Ausmaß die elektrische Energie den Menschen von geringwertiger Arbeit befreit und höherwertigen Arbeiten zuführt.

Ähnlich wie das spezifische Gewicht das Gewicht der Volumeneinheit angibt, so können wir einen neuen Begriff, und zwar den Begriff des spezifischen elektrischen Arbeitsinhaltes, einführen. Wir wollen hierunter diejenige elektrische Arbeit verstehen, die für die Erzeugung einer Gewichtseinheit industrieller Rohstoffe oder Fertigfabrikate notwendig ist. Der Wert für den elektrischen Arbeitsinhalt gibt uns ein anschauliches Bild über die Bedeutung, die der elektrischen Energie bei den verschiedenen Gewinnungs- und Fabrikationsmethoden zukommt. Es wäre vielleicht eine dankbare Aufgabe, systematisch die verschiedenen Rohstoffe und Industrieprodukte zu untersuchen und dabei die Zahlen zu ermitteln. Vergleiche zwischen früher und heute oder zwischen den Werten in den verschiedenen Industrieländern würden hier wohl mancherlei wertvolle Aufschlüsse liefern.

Wenn man diese Gedankengänge weiter verfolgt mit dem Ziel, einen Gradmesser für die Bedeutung der Elektrotechnik zu finden, wird man zu Überlegungen geführt, die ich Ihnen gerade heute und vor allem auch mit Rücksicht auf unsere deutschen Verhältnisse kurz vortragen will. Bei jedem Arbeitsprozeß wird neben elektrischer Arbeit stets eine gewisse Menge körperlicher Arbeit aufgewendet werden müssen. Bezeichnen wir die elektrische Arbeit mit W, die körperliche Arbeit mit M und die Summe beider Arbeiten mit G, dann wird das Verhältnis $W/G=F$ den **Faktor der Arbeitserleichterung** beziehungsweise der Einsparung an Muskelarbeit darstellen. Bei rein handwerklicher Fertigung unter Ausschaltung jeglicher Energiequellen hat der Faktor den Wert 0. Bei völliger Mechanisierung und elektrischem Antrieb, also bei vollständiger Ausschaltung körperlicher Arbeit, den Wert 1. Hiermit wird die Zielsetzung technischen Schaffens zahlenmäßig erfaßbar, und jeder Fortschritt und jede Verbesserung könnten durch Zahlenwerte zum Ausdruck gebracht werden. Ich bin mir darüber im klaren, daß man Werte verschiedener Produkte nicht ohne weiteres miteinander vergleichen

7. Wertigkeitsstufe des Einsatzes

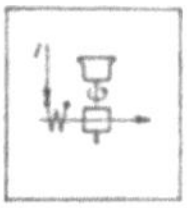

Kunstseiden-Spinnmaschine mit bis zu 120 Spinnzentrifugen 8000 Umdrehungen je Minute

kann, daß man da und dort mit Unsicherheiten wird rechnen müssen und daß eine Kritik aus verschiedenen Richtungen möglich ist. Trotzdem glaube ich, daß der angedeutete Weg zur Klärung mancher Frage beitragen wird. Der Produktionsapparat einer Nation enthält stets die beiden wichtigen Komponenten, die körperliche Schaffenskraft der Werktätigen und die Produktionspotenz der Maschinen, die ihren Antrieb den Energiequellen entnehmen. Was liegt hier näher, als diese Komponenten zahlenmäßig zu erfassen und in ihren Auswirkungen festzuhalten. Die Aufschlüsse, die wir hieraus gewinnen können, können uns ein Wegweiser sein an Stellen, an denen wir bisher empirisch oder gefühlsmäßig vorgehen mußten. Ich glaube deshalb, daß die eben angedeuteten Überlegungen für den Produktionshaushalt einmal eine ähnliche Bedeutung haben können, wie sie die Selbstkostenkalkulation hat. Ich habe bewußt die vorstehend angegebene Formel vereinfacht und gekürzt, weil ich hier lieber auf die letzte Exaktheit verzichten möchte als auf die Sinnfälligkeit des Ideenganges.[1]

---

[1] Bei einer exakteren Betrachtungsweise wäre es notwendig, die verschiedenen Energiearten, sei es Wärme, Formänderungsenergie, Trans-

Anhand verschiedener Untersuchungen und vorliegender Literaturangaben wurde der elektrische Arbeitsinhalt verschiedener industrieller Rohstoffe zusammengestellt. Es zeigt sich dabei, daß besonders bei solchen Stoffen, bei denen die elektrochemischen Arbeitsverfahren bedeutungsvoll sind, sehr hohe Werte des spezifischen elektrischen Arbeitsinhaltes aufkommen. Bei-

portenergie usw., mengenmäßig zu erfassen und durch Summierung den gesamten maschinellen Arbeitsinhalt A zu ermitteln. Es müßte ferner festgestellt werden, bei welchem Anteil dieser Arbeit die elektrische Energie als zwischengeschalteter Energieträger vorhanden war. Die elektrische Arbeit W wird im allgemeinen kleiner sein als A, nur beim vollelektrifizierten Betrieb ist $A = W$. Das Verhältnis $W/A = K$ gibt uns den Grad der Elektrifizierung an. Bezeichnen wir nun den Gesamtarbeitsinhalt mit G, wobei $G = A + M$ ist, also auch die handwerkliche Komponente enthält, dann läßt sich der Mechanisierungsgrad in der Form schreiben:

$$F = \frac{A}{G} = \frac{A}{A+M} = \frac{\frac{W}{K}}{\frac{W}{K}+M} = \frac{W}{W+KM}.$$

In dieser Form ist es demnach möglich, alle Energiearten, die bei einem Arbeitsprozeß wirksam waren, zu berücksichtigen und auch den Einfluß des Grades der Elektrifizierung festzustellen. Man wird dabei im allgemeinen zu dem Ergebnis kommen, daß hohe Werte für K, also weitgehende Elektrifizierung, auch zu hohen Werten für F führen, d. h. daß in diesem Fall ein Mindestmaß an handwerklicher Arbeit notwendig ist.

Aluminium (früher) (heute)	33000 20000	nat. Gummi	1000
Karbid	3000	Buna	40000
Futterhefe aus Holz	2000	Benzin aus Erdöl	12
Elektrolytkupfer	900	Benzin synthetisch	9000
Eisen	100···200	fertige Textilfabrikate (nat. Faser)	3800
Zucker	95···145		
Kohle (je t geförderte Kohle)	30	fertige Textilfabrikate (synthet. Faser)	7000

in kWh je t

1938	Spezifischer elektrischer Arbeitsinhalt verschiedener Rohstoffe und Fertigerzeugnisse Näherungswerte	AJ 38002

spielsweise brauchen wir mehr als 20000 Kilowattstunden für die Herstellung einer Tonne Aluminium. Auch bei anderen Rohstoffen, die in großen Mengen gebraucht werden, wie Kohle und Eisen, spielt die elektrische Arbeit eine Rolle. In der rechten Tabelle sind Erzeugnisse verzeichnet, bei denen durch die Umstellung auf synthetische Herstellung eine bedeutsame Vergrößerung des Einsatzes elektrischer Energie anzutreffen ist.

Die drei wichtigsten Erzeugnisse dieser Art sind: Buna, synthetisches Benzin und künstliche Spinnfasern.
Mit der wachsenden Anwendung von Maschinen wird der Mensch frei zur Ausbildung höherwertiger Fähigkeiten, für geistige Arbeit, ferner für wissenschaftliche und Forschungsarbeiten. Durch diese Befreiung von körperlicher Arbeit und die Erziehung zur Geistesarbeit tritt eine ungeheure Schulung und Hebung des gesamten kulturellen Niveaus ein. Es sind dies indirekte Auswirkungen der Technik und nicht zuletzt der Elektrotechnik, die nur selten eine gerechte Würdigung erfahren haben. Wir stellen ferner fest, daß nicht nur vielfach der Energieinhalt stark angewachsen ist, sondern daß auch durch die Fortschritte der Antriebstechnik eine Steigerung der Leistungsfähigkeit der Arbeitsmaschinen und der Güte der Erzeugnisse eingetreten ist. Mit den Verbesserungen in der Antriebstechnik ist zwangläufig auch der Aufwand an elektrischem Material gestiegen, ohne daß der spezifische elektrische Arbeitsinhalt zugenommen hätte.
Ich möchte in diesem Zusammenhang rückblickend auf eine Entwicklungslinie hinweisen, die anläßlich der

Weltkraftkonferenz 1930 zum erstenmal ausgesprochen wurde[1]. Es ist dies das Grundgesetz unserer Antriebstechnik, das wir als Fundament für die Entwicklung unserer elektrischen Antriebe erkannt haben. Dieses Gesetz sagt aus, daß die Entwicklung des wirtschaftlichsten elektromotorischen Antriebes gekennzeichnet ist durch die Wanderung des Punktes der Umwandlung der elektrischen Energie in die mechanische, in Richtung auf die letzte Arbeitswelle im jeweiligen technologischen Arbeitsprozeß, in der Regel unter gleichzeitiger Leistungsaufteilung des zentralen Antriebes in eine Anzahl kleinerer Krafteinheiten. Dieses Gesetz wurde geboren aus Überlegungen antriebstechnischer Art. Wir wollen hier nur an einem Beispiel die Auswirkung dieses Gesetzes auf die Elektrotechnik zeigen.

Bei der Entwicklung des Papiermaschinenantriebes von der Dampfmaschine bis zum Mehrmotorenantrieb können die einzelnen Phasen klar erkannt werden. Der

---

[1] Bingel, R: Z. d. VDI. Bd. 74 Nr. 24, 1930, Seite 855/56 u. Stahl und Eisen, 55. Jahrg. 1935, S. 3. Zu diesem Gesetz gab O. Türk, einer der Mitarbeiter des Verfassers, die Anregung.

Papiermaschine mit Mehrmotorenantrieb

Übergang vom Einmotorenantrieb zum neuzeitlichen Mehrmotorenantrieb hat zwar etwa eine Verdreifachung an Aufwand elektrischen Materials gebracht, aber auch eine Steigerung der Güte und der Produktionsmenge. Durch die konsequente und zielsichere Anwendung dieses Grundgesetzes konnte man bei nahezu allen Arbeitsmaschinen das Produktionstempo erheblich steigern und die Güte der Erzeugnisse verbessern. Erst die Mehrmotorenantriebe führen zu Steuerungen und Eingriffsmöglichkeiten in den Produktionsgang, die uns letzte Feinheiten erschließen. Es ist bezeichnend, daß Papierfabriken bei der Werbung darauf hinweisen, daß das Papier auf einer Maschine mit elektrischem Mehrmotorenantrieb hergestellt wurde. Es wäre leicht, bei allen Industriezweigen die Entwicklung der Antriebstechnik in der hier angedeuteten Richtung aufzuzeigen und die Auswirkungen auf die Elektrotechnik und die Verfeinerung und Verbesserung der Fabrikationsmethoden nachzuweisen.
Wir wollen nun anhand einiger Beispiele das Anwachsen des spezifischen elektrischen Arbeitsinhaltes und die damit verbundene Einsparung an Arbeitskräften kennenlernen.

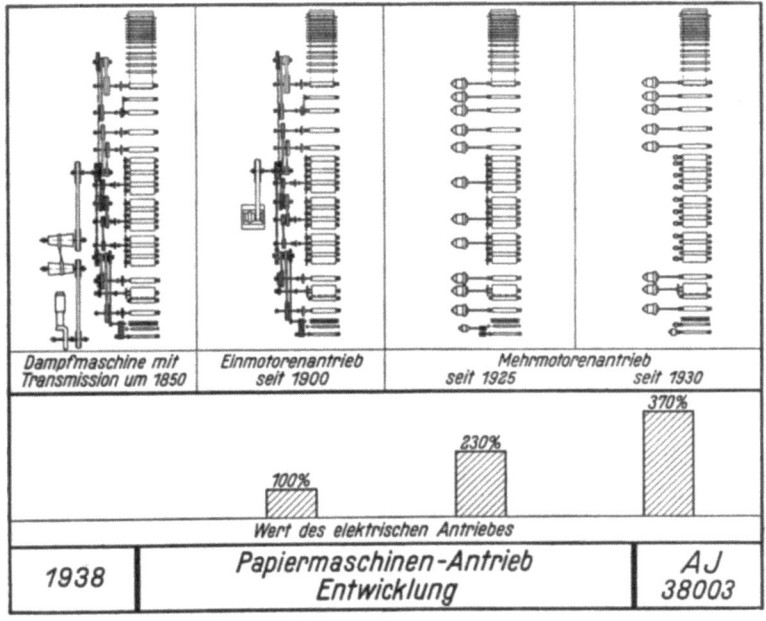

Bei der Schachtförderung im Bergbau sind Handwinde und Tretrad die ersten Arbeitsmaschinen, die ihren Antrieb der menschlichen Muskelkraft entnehmen. Zwei Mann brachten es bei der Handwinde auf eine Förderleistung von 0,75 Tonnen je Stunde, bei einer Schachtleistung von nur 0,015 Tonnenkilometer je Stunde. Nachdem schon in der ersten Hälfte des vorigen Jahrhunderts dampfangetriebene Fördermaschinen Eingang

Förderhaspel mit Handantrieb (15. Jahrh.) ≈ 0,2 kW	Gleichstromfördermotor 2200 kW
Betriebszeit der Fördermaschine für 1000 t Fördergut in Stunden	
1300	1,9
Förderleistung in t je Stunde	
0,75	525
Schachtförderleistung in tkm je Stunde	
0,015	315

| 1938 | Entwicklung der Fördertechnik | AJ 38004 |

gefunden hatten, wurde auf der Düsseldorfer Weltausstellung um die Jahrhundertwende die erste größere elektrische Fördermaschine gezeigt und anschließend auf einer westfälischen Steinkohlenzeche eingebaut. Mit ihr wurde die Entwicklung der bekannten Leonardfördermaschine eingeleitet und schon Stundenleistungen von 265 Tonnen entsprechend einer Schachtleistung von 97 Tonnenkilometern je Stunde erreicht. Hierbei sei erwähnt, daß bei dieser historischen Maschine vor kurzem durch nachträglichen Einbau einer gittergesteuerten Stromrichteranlage erstmalig das Prinzip des ruhenden Leonardumformers für Fördermaschinen zur Anwendung gelangte, wodurch der an sich schon hohe Wirkungsgrad noch nennenswert gesteigert werden konnte. Den Höhepunkt in der Entwicklungslinie stellt heute die Gefäßförderung dar, mit der bei Antriebsleistungen bis zu 4000 Kilowatt stündliche Förderleistungen von 540 Tonnen entsprechend einer Schachtleistung von 650 Tonnenkilometern erreicht werden können und gleichzeitig das Bedienungspersonal auf ein Minimum beschränkt wird.

Im Betrieb unter Tage ist die eigentliche Mechanisierung der Arbeits- und Gewinnungsvorgänge im wesentlichen erst den letzten Jahrzenten vorbehalten gewesen. Während im Grubenbetrieb zunächst der Druckluftantrieb vorherrschte, hat in den letzten Jahren mit zunehmender Steigerung der Maschinenleistungen der elektrische Antrieb auch hier begonnen, sich das Feld zu erobern. Die elektrische Beleuchtung war hier der Schrittmacher.

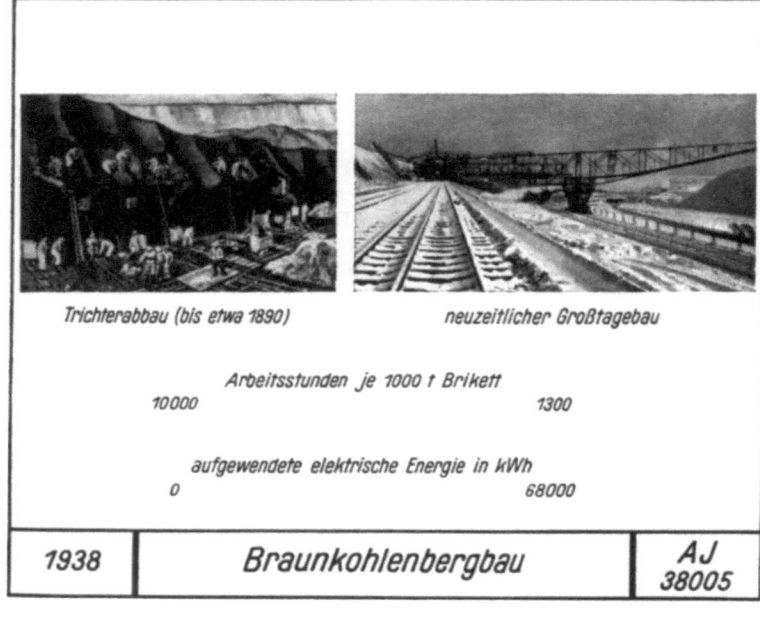

Ein besonders sinnfälliges Beispiel für die Mechanisierung des Bergbaus zeigt der Braunkohlenbergbau. Wir finden hier das Extrem der Ausschaltung menschlicher Arbeitskraft. Während noch vor 50 Jahren im Trichterbau mit mühseligem Handbetrieb gearbeitet wurde, brachte schon der Löffelbagger wertvolle Fortschritte. Heute finden wir in den Braunkohlengruben Giganten des Maschinenbaus und der Elektrotechnik, die mit großer

Geschwindigkeit die Beseitigung des Abraums und die Förderung der Kohle bewerkstelligen. Ein Verbundbagger mit Abraumförderbrücke erzielt Leistungen bis zu 5000 Tonnen in der Stunde, eine Leistung, die nur bei Anwendung des elektrischen Antriebs möglich ist. Wir kommen hier schon auf Anschlußleistungen von mehr als 5000 Kilowatt, wobei allein die Abraumlokomotive mit Leistungen bis zu 1000 Kilowatt ausgerüstet wurde. Der Braunkohlentagebau ist auch hier in der Kölner Gegend zu Hause; wir können daher in unserer allernächsten Umgebung derartige Zeugen technischer Leistungsfähigkeit finden, die eine Intensivierung der menschlichen Arbeit in einem gewaltigen Ausmaß gebracht haben.

In der Hüttenindustrie treffen wir Leistungseinheiten von besonders großen Ausmaßen. Für den Betrieb eines Umkehrwalzwerkes wurde beispielsweise ein Gleichstrom-Einankermotor gebaut, der bei einem Drehmoment von 300 Tonnenmetern eine Leistung von 32400 Kilowatt abgeben kann.

Eine vollkommen neuartige Lösung der Antriebsfrage für fortlaufend arbeitende Straßen ist der Einzelantrieb

| 1938 | Breitbandfertigstraße
6 gittergesteuerte Stromrichter je 2400kW, 800V | AJ 38007 |

einer aus 6 Gerüsten bestehenden Fertigstaffel einer Breitbandstraße, die bei einer Gesamt-Motordauerleistung von 13 000 Kilowatt erstmalig mit gittergesteuerten Stromrichtern ausgerüstet wurde. Diese Anlage, die hier im Rheinland zur Aufstellung kam, ist die größte Breitband-Walzenstraße in Europa, bei der man bisher die Vorteile steuerbarer Stromrichter in Anwendung gebracht hat.

Elektro-Kreiselkompressor 30000 m³ je Stunde
Synchronmotor 3000 Kilowatt, 10000 Volt, 1000 Umdrehungen je Minute

Auch die chemische Industrie ist ein besonderer Großverbraucher elektrischer Energie. Es ist naheliegend, daß auch hier sehr große Maschinenleistungen zu finden sind. In erster Linie sind es Aufgaben der chemischen Industrie gewesen, die befruchtend und fördernd auf den Bau großer Drehstrommotoren, besonders Kurzschlußläufermotoren, gewirkt haben. Die Hochdrucksynthese und Kohlehydrierung arbeiten mit hohen Drücken bei sehr großen Gasmengen, wodurch gewaltige Kompressorleistungen und damit große langsamlaufende Motoreinheiten gebraucht werden.

Im Jahr 1935 war man beim Bau langsamlaufender Motoren bis zu Leistungen von 1500 Kilowatt gekommen. Heute beträgt die Leistungseinheit beim Langsamläufer bereits mehr als 6000 Kilowatt, bei Schnelläufern mehr als 5000 Kilowatt. Diese Entwicklungslinie ist auch insofern aufschlußreich, als sie zeigt, daß mit dem Einsetzen des Vierjahresplanes eine sprunghafte Steigerung der Leistungseinheiten eintritt. Ein Synchronmotor für 6200 Kilowatt bei nur 94 Umdrehungen in der Minute stellt heute eine Spitzenleistung im Bau von Kompressormotoren dar.

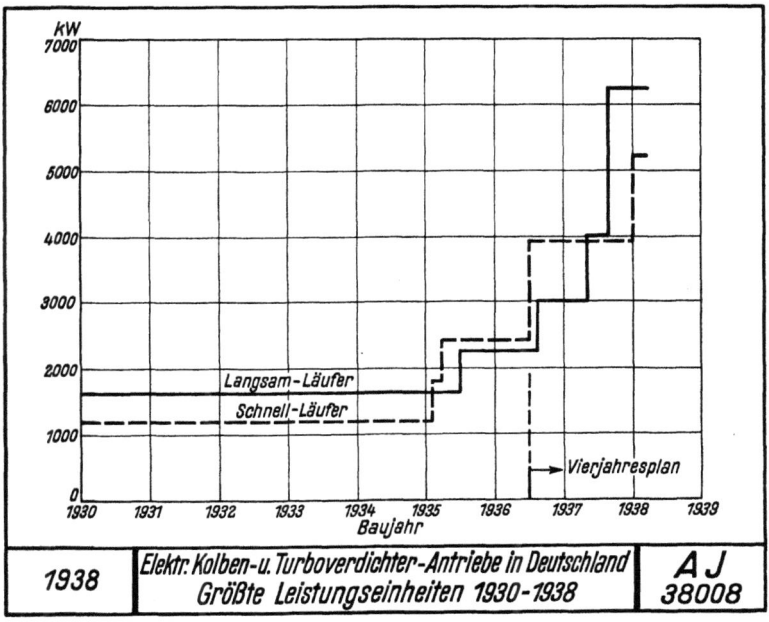

1938 | Elektr. Kolben- u. Turboverdichter-Antriebe in Deutschland Größte Leistungseinheiten 1930-1938 | AJ 38008

Das folgende Bild vermittelt den Eindruck einer Hochdruckverdichteranlage eines Hydrierwerkes, in dem eine große Anzahl Motoren großer Leistung zur Aufstellung kam.

Auf vielen Gebieten der Elektrotechnik kann man erfreulicherweise schon eine Entwicklung vom Komplizierten zum Einfachen erkennen. So führte zum Beispiel der Weg zum Kurzschlußläufer über den Schleifringläufer

| 1938 | Hochdruckverdichteranlage in einem Hydrierwerk | AJ 38010 |

und viele andere komplizierte Bauformen. Heute hat sich der Kurzschlußläufer als einfachster und billigster Motor mit höchster Betriebssicherheit für normale Antriebe fast auf der ganzen Linie durchgesetzt.

Wenn wir auf dem Gebiet der Antriebstechnik mit ihrer Tendenz zur feinsten Verästelung des elektrischen Triebwerks das Erreichte kritisch betrachten, dann können wir mit einer gewissen

6. Wertigkeitsstufe des Einsatzes

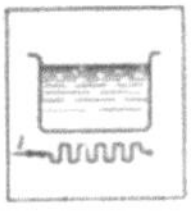

Glühofen für 950° C
380 Kilowatt Anschlußleistung
zum Blankglühen von Eisenteilen

Befriedigung feststellen, daß trotz der stürmischen Entwicklung der letzten Jahre an keiner Stelle über das Ziel hinausgeschossen wurde. Wo auch die Elektrotechnik Fuß gefaßt hat — überall hat sie sich rasch ausgebreitet und von benachbarten Gebieten Besitz ergriffen. Wir können feststellen, daß eine Rückwärtsentwicklung im allgemeinen nie vorgekommen ist. Dies ist wohl ein eindeutiger Beweis für die Richtigkeit des Grundgesetzes unserer Antriebstechnik und ein Zeichen, daß die Planung elektrischer Einrichtungen mit hoher Genauigkeit und Treffsicherheit möglich ist.

Die chemische Industrie, die an die Antriebstechnik große Forderungen stellt, ist auch ein bedeutsamer Großverbraucher elektrischer Energie für elektrochemische und Elektrowärme-Aufgaben.

Ähnlich wie man bei der Antriebstechnik die Entwicklungshöhe durch den Abstand zwischen Elektromotor und dem technologischen Arbeitseinsatz messen kann, so ist es möglich, die Anwendungsformen der elektrischen Energie in einzelne Gruppen verschiedener Wertigkeit einzuteilen. Man wird dabei als höherwertige Formen diejenigen Einsatzmöglichkeiten der elektrischen

Energie ansprechen, die eine möglichst große Annäherung der elektrischen Energie an den Arbeitseinsatz bringen. Motorische Antriebe von Arbeitsmaschinen mit zwischengeschalteten Triebwerken sind die untere Stufe bei dieser Wertigkeitsbetrachtung, der direkte Antrieb, den man bei Schleuderantrieben oder Schleifmaschinen findet, ist eine höhere Stufe. Die Stufen 6 bis 3 beziehen sich auf Wärmeaufgaben, wobei die direkte Heizung mittels Stromdurchgang eine höhere Form als die indirekte Heizung darstellt, bei der die Wärme erst durch Leitung oder Strahlung übertragen werden muß. Die induktive Heizung nimmt eine Zwischenstellung ein, da ja hier die Leistung des Primärkreises über die Brücke des Kraftlinienfeldes zum Heizstrom im zu erwärmenden Gut führt. Eine weitere Steigerung stellt die Elektrolyse dar, bei der durch die Wandlung der elektrischen Energie in chemische eine Aufspaltung und Umwandlung der Moleküle erfolgt. Das letzte Glied mit der höchsten Wertigkeitsstufe in dieser Kette würde die Atomzertrümmerung bilden, die zu einer Umwandlung der Elemente führt und eine unmittelbare Verschmelzung von elektrischer Energie und Materie bringt.

8	7	6	5
grobe Materialumformung	feine Materialumformung		Molekular (Wärme
Arbeitsmaschinen mit Bewegungstransformation	Arbeitsmaschinen ohne Bewegungstransformation	indirekte Heizung	induktive Heizung
Drehbank Walzenstraße Presse	Schleifmaschine Spinntopf Schleuder	Wärmegeräte Industrieöfen Lichtbogenstrahlungsöfen	Nieder- und Hochfrequenzöfen
hohe Leistungen	hohe Drehzahlen	hohe Leistungen	hohe Leistungen teils höhere Frequenzen

Wertigkeitsstufen des Einsatzes

4	3	2	1
bewegung aufgaben)		Spaltung der Moleküle	Spaltung des Atoms
Heizung im elektrischen Feld	Heizung durch Stromdurchgang	Elektrochemie	Forschung
Kurzwellen- behandlung	Erwärmung Stumpfschweißung Lichtbogenöfen Elektroden- dampfkessel	Elektrolyse	Atom- zertrümmerung
höchste Frequenzen	hohe Ströme hohe Leistungen	hohe Ströme	hohe Spannungen

der elektrischen Energie

Für die Schmelzflußelektrolyse von Aluminium sind in Deutschland bereits Einzelanlagen erstellt worden, die mit Stromstärken bis zu 200 000 Ampere bei Spannungen bis zu 800 Volt arbeiten. Für die Bereitstellung des Gleichstroms für Elektrolysebetriebe sind riesige Umformereinheiten nötig. Man hat in neuerer Zeit für diese Aufgabe in erster Linie Stromrichter mit Gittersteuerung herangezogen. Durch verschiedene Verbesserungen ist im Lauf der Zeit der spezifische elektrische Arbeitsinhalt je Tonne Aluminium von 33 000 Kilowattstunden auf 22 000 Kilowattstunden zurückgegangen. Die Bedeutung der Schmelzflußelektrolyse ermessen wir am besten, wenn wir feststellen, daß beispielsweise der Weltverbrauch schon im Jahr 1935 elf Milliarden Kilowattstunden betragen hat. Inzwischen ist eine gewaltige Steigerung eingetreten. Die Elektrolyse ist ganz allgemein bei der Herstellung von Metallen wichtig und bedeutungsvoll. Verschiedene Metalle werden ausschließlich elektrolytisch raffiniert; bei anderen Metallen wird Elektrolyse nur dann angewendet, wenn sehr hohe Qualitätsansprüche gestellt werden.

In den Forschungsstätten der Industrie und der Hochschulen wird heute betont auf dem Gebiet der Atomzertrümmerung gearbeitet, das von der Elektrotechnik insofern Gebrauch macht, als diese hierzu Stromquellen mit extremen Spannungswerten bereitstellen muß, um in die Urbausteine unserer Materie eindringen zu können. Die bei den Kernreaktionen frei werdenden Energien sind mehrere millionenmal größer als die bei gewöhnlichen chemischen Reaktionen. Sobald es daher einmal gelingt, Kernreaktionen mit genügender Häufigkeit künstlich hervorzurufen, ständen praktisch unbegrenzte Energiemengen zur Verfügung. Die Ergebnisse dieser Entwicklungsarbeiten können also vielleicht einmal berufen sein, unseren Energiehaushalt, in dem zur Zeit leider der Raubbau vorherrschen muß, nach neuen und großen Gesichtspunkten zu ordnen. Gleichzeitig wird vielleicht auch die künstliche Herstellung wertvoller Elemente einmal möglich gemacht werden. Es muß hier aber leider nachdrücklich gesagt werden, daß die künstlichen Kernreaktionen noch sehr seltene Ereignisse sind, so daß die zu ihrer Hervorrufung notwendige Energie noch wesentlich größer ist als die dabei frei werdende. Unsere Lage scheint hier vergleichbar mit der eines Chemikers, dem zum Herbeiführen einer wirtschaftlich ausnutzbaren Reaktion noch der notwendige Katalysator fehlt. Die Atomzertrümmerung ist heute für die Elektrotechnik praktisch noch ohne Bedeutung; sie ist jedoch das letzte Glied einer Kette in der früher angedeuteten Entwicklungsreihe, weshalb ich nicht verzichten wollte, auch dieses Gebiet in den Kreis unserer Betrachtungen miteinzubeziehen.

Noch auf einem weiteren Gebiet begegnen wir hochwertiger Elektrotechnik, und zwar bei der Erzeugung hoher Temperaturen. Die Temperaturzone über 2000 Grad ist neben einzelnen, chemischen exothermischen Reaktionen vornehmlich dem elektrischen Lichtbogen vorbehalten.

Besonders große Leistungen und Stromstärken werden zum Betrieb der Karbidöfen gebraucht. Der elektrische Strom dient hier in erster Linie zu Heizzwecken, wobei für die Erzeugung einer Tonne Karbid 2800 bis 3500 Kilowattstunden aufzuwenden sind. Bereits vor dem Krieg wurden hier Transformatoren mit Leistungen von 12000 Kilovolt-Ampere bei 50000 Ampere eingesetzt. Heute ist man bereits bei Transformatoren mit

5. Wertigkeitsstufe des Einsatzes

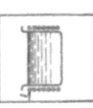

Hochfrequenzofenanlage mit Öfen
bis zu 4 Tonnen Fassungsvermögen

Stromstärken von 270000 Ampere bei Spannungen bis zu 55 Volt angelangt. Das Bild zeigt Ihnen einen derartigen Transformator zum Betriebe eines Karbidofens.

Die Elektrowärme bildet den Markstein für den Anbruch der jüngsten Periode elektrotechnischer Entwicklung. Die Anfänge der industriellen Anwendung der Elektrowärme reichen weit zurück. 1879 baute William Siemens den ersten Elektrostahlofen. Noch 30 Jahre später finden wir in Deutschland nur etwa 25 Lichtbogen- und größere Industrieöfen in Betrieb. Im Jahr 1930 sind die ersten Ansätze zu einem großen Aufschwung in der Elektrowärme zu verzeichnen. Im Jahr 1933 wurden in Deutschland bereits 1,3 Milliarden Kilowattstunden für Elektrowärme gebraucht. Die folgenden Jahre bringen eine sprunghafte Steigerung in der Anwendung der Nutzbarmachung der großen Vorzüge der Elektrowärme. Nach zuverlässigen Schätzungen wurden im Jahr 1937 bereits 8 Milliarden Kilowattstunden, also etwa ein Sechstel der gesamten in Deutschland erzeugten elektrischen Energie in Elektrowärme umgesetzt. Dieser

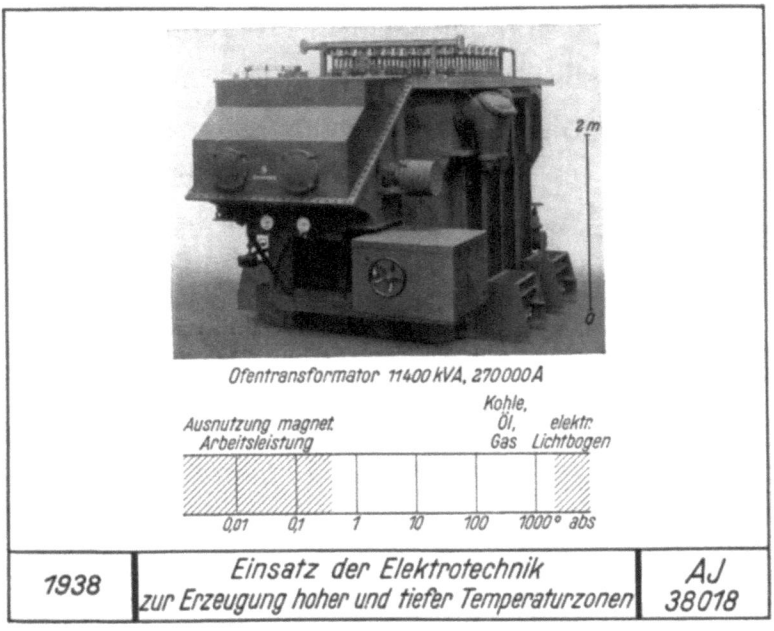

große Aufschwung hängt natürlich mit dem gesamten Aufblühen der deutschen Industrie und nicht zuletzt mit den großen Aufgaben des Vierjahresplanes zusammen.

Die Elektrowärme hat eine Reihe grundlegender Vorzüge aufzuweisen, so daß sich ihr technischer Einsatz an vielen Stellen rechtfertigt, trotzdem man oft mit wesentlich höheren Energiekosten als bei Verwendung anderer

Wärmequellen zu rechnen hat. Elektrowärme ist dosierbar und regelbar wie kaum ein anderer Wärmestrom. Die vorgeschriebene Temperatur kann mit größter Genauigkeit eingehalten werden, wir können Elektrowärme leicht messen und sind frei in der Wahl der Ofenatmosphäre. Ein überragender Vorzug besteht ferner darin, daß wir die Elektrowärme genau an der Stelle einsetzen können, wo sie gebraucht wird, wir erreichen eine zielsichere Lenkung der Wärmeenergie.

Bei den ältesten Anwendungen der Elektrowärme finden wir vielfach indirekt beheizte Öfen, bei denen große Räume und große Mengen erhitzt werden müssen. Die direkte Beheizung stellt bereits eine höhere Stufe dar, wir finden diese im Lichtbogenofen, im Hochfrequenzschmelzofen und in einer Vielzahl anderer Ofenkonstruktionen, bei denen das zu erwärmende Gut direkt vom Strom durchflossen wird; auch die Stumpfschweißung gehört zu dieser Gruppe. Auf dem Bild, das drei verschiedene Formen in der Anwendung der Elektrowärme zeigt, finden wir als letzte Entwicklungsstufe die Hochfrequenzbehandlung angegeben. Zum Beispiel bei Trocknungsprozessen liegt die Aufgabe vor, die im Material

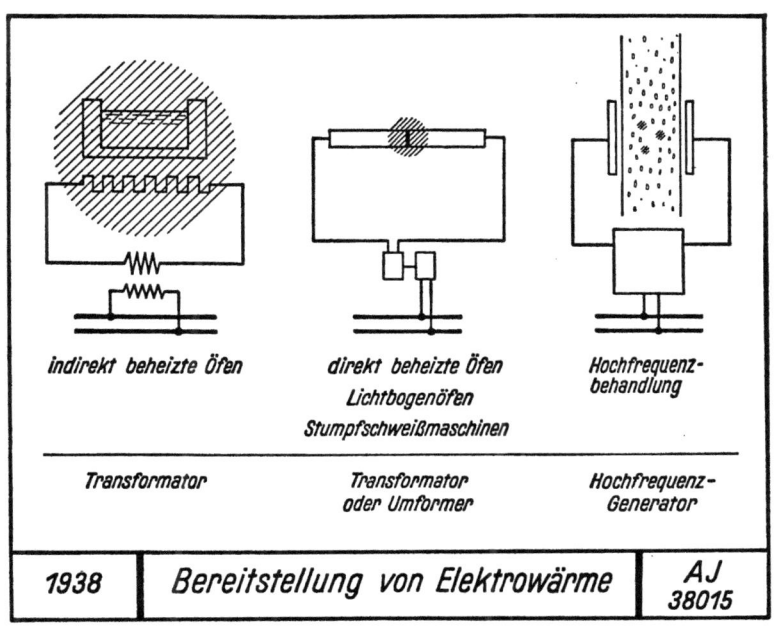

eingebetteten kleinsten Flüssigkeitsteilchen zu verdampfen und damit aus dem Material zu entfernen. Es müssen hier kleinste Stoffelemente in kurzer Zeit stark erwärmt werden. Für diese Zwecke kann man die Hochfrequenztechnik einsetzen. Man muß hier das zu trocknende Gut dem Hochfrequenzfeld aussetzen, das grundsätzlich die Möglichkeit gibt, die Wärmeerzeugung auf die kleinsten Flüssigkeitselemente zu konzentrieren. Bei diesem jüngsten Zweig der Elektrowärme lassen sich heute die technischen und wirtschaftlichen Möglichkeiten noch nicht alle klar erkennen. Ich wollte jedoch auf diese höchste Entwicklungsstufe der Anwendung der Elektrowärme hinweisen, weil hier die größten Anforderungen an die Dosierbarkeit und die zielsichere Lenkung des Wärmestromes gestellt werden.

Bevor wir das Gebiet der Elektrowärme verlassen, wollen wir auch auf das Gebiet extrem tiefer Temperaturen einen Blick werfen. Die neueren Arbeiten in dieser Richtung haben uns bis auf einige tausendstel Grad an den absoluten Nullpunkt herangeführt. Einstweilen gelingt dies nur mit kleinen Mengen bestimmter paramagnetischer Substanzen. Man hat wenige Grade oberhalb des absoluten Nullpunktes die Supraleitung als überraschende und auch heute noch nicht ganz befriedigend geklärte Erscheinung gefunden. Es muß mit der Möglichkeit gerechnet werden, daß uns bei weiterer Temperaturerniedrigung noch weitere Überraschungen erwarten. Man könnte meinen, daß diese letzten tausendstel Grad kaum etwas Neues bringen können. Daß ein solcher Schluß aber voreilig sein würde, erkennt

3. Wertigkeitsstufe des Einsatzes 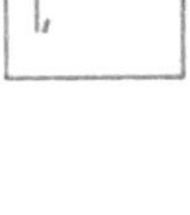 Vollautomatische Stumpfschweißmaschine für Querschnitte bis zu 12 000 mm² und für Schweißströme bis zu 40 000 Ampere

man durch Vergleich mit der Geschichte des Hochvakuums. Auch hier ist erst durch die Erniedrigung des Druckes auf extrem kleine Werte die Entwicklung der modernen Elektronenröhre möglich geworden. Wir wollen hierbei beachten, daß das Eindringen in dieses Temperaturgebiet in der Nähe des absoluten Nullpunktes nur durch die Ausnutzung einer elektromagnetischen Arbeitsleistung möglich gewesen ist[1]. Dabei erscheint es auch keineswegs ausgeschlossen, daß sich im Lauf der Zeit auch im Gebiet tiefster Temperaturen noch neue technische Möglichkeiten ergeben werden und daß sich hier auch für die Elektrotechnik ein neues Anwendungsgebiet erschließt.

In der Geschichte der Elektrotechnik wird zweifellos als erste Epoche die Erfindung und Ausgestaltung der elektrischen Beleuchtung verzeichnet. Der Schrittmacher für die elektrische Beleuchtung in der Industrie war die Bogenlampe. Wegen ihrer hohen Lichtleistung wurde sie bald zur Beleuchtung von Straßen und Werkhallen eingesetzt. Bei der späteren Entwicklung der Beleuchtungs-

---

[1] Debye, P.: Stahl und Eisen. 58. Jahrgang, Heft 1, 1938, Seite 4 und 5.

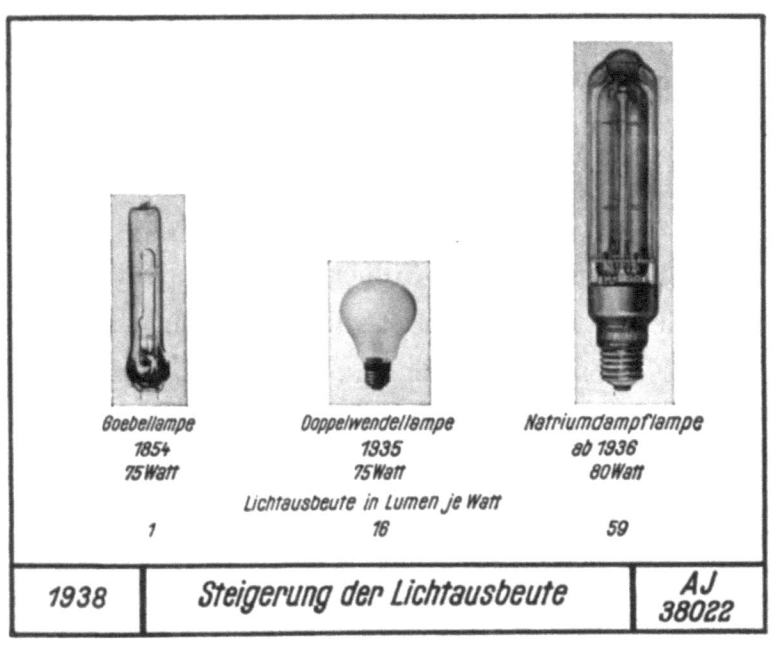

1938 | Steigerung der Lichtausbeute | AJ 38022

technik ist eine Analogie zur Antriebstechnik zu erkennen. Ähnlich wie der zentrale Antrieb in kleine Antriebe aufgeteilt wird, die mit der letzten Arbeitswelle verbunden sind, so wird häufig die zentrale Lichtquelle hoher Leistung durch zahlreiche Einzelleuchten ersetzt, die jedem Arbeitsplatz zugeordnet werden und das zu bearbeitende Werkstück beleuchten. Es war hierzu notwendig, wirtschaftliche Lichtquellen kleiner Leistung zu entwickeln.

Die großen Fortschritte in dieser Richtung gehen aus einer Gegenüberstellung der Goebellampe aus dem Jahr 1854 mit einer neuzeitlichen Doppelwendellampe und der Natriumdampflampe hervor. Gegenüber der Goebellampe zeigt die Natriumdampflampe eine Steigerung der Lichtausbeute um das 59fache. Dieselben Lichtenergien, die wir heute beim Natriumdampflicht aus einer Tonne Kohle erzeugen können, hätten früher den Verbrauch von annähernd 60 Tonnen Kohle notwendig gemacht. Bei der großen Bedeutung, die die elektrische Beleuchtung hat, können wir leicht ermitteln, welche Ersparnis an wertvollen Bodenschätzen durch diese Wirkungsgradsteigerungen gemacht werden kann.

Die Entwicklung in der Richtung „mehr Licht bei weniger Strom" ist noch lange nicht abgeschlossen. Unsere Physiker sind unaufhörlich bestrebt, einen möglichst hohen Anteil der Strahlungsenergie in das Gebiet des sichtbaren Spektrums zu rücken und die hier nutzlosen Wärmestrahlen einzuschränken. Neben den Arbeiten, die eine höhere Lichtausbeute zum Ziel haben, laufen andere Arbeiten parallel, die nach einer Qualitätsverbesserung unseres Lichtes streben, das heißt, wir ver-

2. Wertigkeitsstufe
des Einsatzes    Kupfer-Elektrolyseanlage

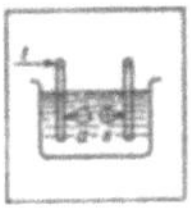

suchen, die Zusammensetzung des künstlichen Lichtes der Farbe des natürlichen Lichtes anzugleichen. Während man bei der Metalldrahtlampe die Lichtstrahlen dadurch erzeugt, daß man den Leuchtkörper auf hohe Temperatur erhitzt, ist man bei den sehr viel wirtschaftlicheren Lichtquellen, wie der Quecksilberdampf- und der Natriumdampflampe, auf die Lichterzeugung in Gasen und Metalldämpfen übergegangen. Ich möchte in diesem Zusammenhang auf die grundlegenden Entwicklungsarbeiten auf dem Gebiet der Leuchtstoffe (Luminophore) hinweisen. Während sich hier heute noch die Physiker damit beschäftigen, die Erkenntnisse zu vertiefen, um eine Deutung der verschiedenen Vorgänge zu finden, ist es durchaus möglich, daß schon morgen der Ingenieur wichtige Nutzanwendungen zieht und durch Schaffung geeigneter Leuchtstoffe eine wesentliche weitere Vervollkommnung der Lichttechnik erreicht.

Diese großen Erfolge elektrotechnischen Schaffens und die noch heute vorhandenen zahllosen neuen Einsatzmöglichkeiten der Elektrizität haben ihre Ursache in einigen wenigen grundlegenden Vorzügen der elektrischen Energieform, die in diesem Zusammenhang ebenfalls eine Würdigung erfahren sollen.

Ein entscheidender Vorzug der elektrischen Energie ist die Wandelbarkeit in ihrer eigenen Erscheinungsform. Wir sind in der Lage, den pulsierenden Wechselstrom in einen Gleichstromfluß zu wandeln und umgekehrt aus unseren normalen Übertragungsfrequenzen von 50 Perioden extrem hohe Schwingungen abzuleiten oder auch aus Energie mit mäßiger Spannung solche mit extremen Spannungswerten zu erzeugen.

Wir wollen in einem Frequenzband diejenigen Frequenzgebiete markieren, in denen wir bedeutenden Nutzanwendungen begegnen. Der Einsatz elektrischer Energie in der Starkstromtechnik erfolgt in der Hauptsache bei Frequenzen von 0 bis 60 Hertz. Höheren Frequenzen begegnen wir bei rasch laufenden Spindeln oder bei Werkzeugen, die nur bei sehr hohen Umlaufzahlen wirtschaftlich betrieben werden können. Jedoch geht man auch hier im allgemeinen nicht über einige hundert Hertz hinaus.

Dem Gebiet der noch höheren Frequenzen fallen jedoch ebenfalls wichtige technische Aufgaben zu. Bei wach-

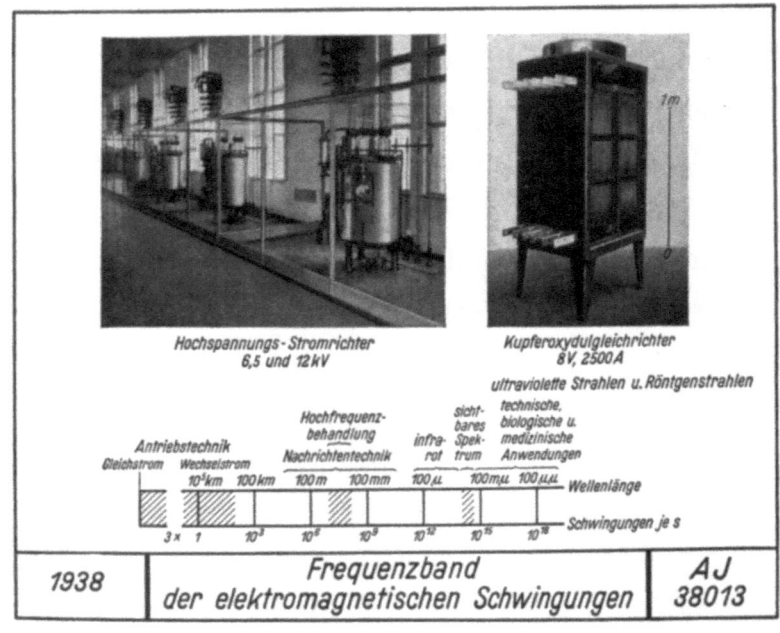

sender Frequenz durchlaufen wir zunächst das Gebiet des Rundfunks, das mit Wellenlängen von 10 Kilometern bis herunter zu 10 Metern arbeitet. Es ist dies gleichzeitig das Gebiet, das der gesamten Nachrichtentechnik dient. Anschließend kommen wir auf einen Frequenzbereich, in dem wir biologische und medizinische Nutzanwendungen treffen. Wichtig ist hier auch eine technische Anwendung, die Hochfrequenzbehandlung, die bereits kurz besprochen wurde. Bei noch höheren Schwingungen geraten wir in die Zone der Wärme- und Lichtstrahlen, um bei extrem hohen Frequenzen die Röntgenstrahlen zu erreichen, die nicht nur in der Medizin, sondern auch in der Technik zu großer Bedeutung gelangt sind. Es werden die verschiedensten Frequenzgebiete zu bedeutungsvollen Nutzanwendungen herangezogen werden, so daß wir auf die stets wiederkehrende Aufgabe treffen, Maschinen und Apparate zu entwickeln, die eine Wandlung der Frequenz gestatten. In diesem Aufgabenkreis haben die gittergesteuerten Stromrichter bereits ein weites Anwendungsfeld für sich in Anspruch genommen. Die mannigfaltigsten technischen Aufgaben, vor allem besonders schwierige Probleme, werden durch Stromrichter gelöst. Das Bild zeigt Ihnen Hochspannungsstromrichter, die heute für Gleichspannungen bis zu 20 Kilovolt gebaut werden.

Besonders interessant ist die Energiewandlung von Wechsel- in Gleichstrom beim Trockengleichrichter. Wir treffen hier auf die Erscheinung der Elektronenbewegung im Halbleiter, die bisher nur in Trockengleichrichtern und Sperrschichtphotozellen zu Nutzanwendungen führen konnte. Die physikalische Klärung der Vorgänge, die sich hier abspielen, ist noch nicht einwandfrei gelungen. Es ist jedoch zu erwarten, daß die weitere Erforschung des Verhaltens von Elektronen in Isolatoren und Halbleitern neue Möglichkeiten der Anwendung ergeben wird.

Neben dieser Wandelbarkeit der eigenen Erscheinungsform ist die elektrische Energie wie keine andere berufen, auch in andere Energiearten, sei es Licht, Wärme, chemische Energie, Strahlungsenergie und dergleichen umgesetzt zu werden. Wir wollen ein derartiges Gebiet, und zwar die Umwandlung elektrischer Energie in mechanische Schwingungen kurz streifen.

Im Frequenzband begegnen wir bei mäßigen Frequenzen, wie sie in Starkstromnetzen üblich sind, schwingenden Maschinen aller Art. Wenn auch heute hier noch viele Entwicklungsarbeiten zu leisten sind, so kann man doch schon mit Sicherheit sagen, daß man an vielen Stellen, wo wir uns zur Zeit mit umlaufenden Motoren und Zwischengetrieben behelfen, eines Tages die schwingende Maschine einsetzen wird, die einen kür-

1. Wertigkeitsstufe
des Einsatzes

Hochspannungsanlage
für Atomzertrümmerung im Planck-Turm
des Kaiser-Wilhelm-Instituts Berlin,
3 000 000 Volt Gleichstrom

zeren Kraftweg zwischen Energiewandler und Einsatz ermöglicht. Bei höheren Frequenzen bewegen wir uns im Gebiet des hörbaren Schalls, um bei Frequenzen von etwa 30000 Hertz aufwärts das Gebiet des Ultraschalls zu erreichen. Eine Betrachtung dieses Gebietes zeigt uns, daß nur selten eine physikalische Erscheinung innerhalb eines Zeitraumes von nur wenigen Jahren so vielgestaltige Einsatzmöglichkeiten erkennen ließ. Ultraschall kann die verschiedenen physikalischen und chemischen Arbeitsprozesse beeinflussen und zum Teil völlig neue Wirkungen auslösen. Die interessanten Forschungsarbeiten, die auf dem Gebiet des Ultraschalls heute in der Durchführung begriffen sind[1], werden uns neben den bekannten Einsatzmöglichkeiten, wie zum Beispiel der Echolotung, sicherlich noch manche wertvolle Nutzanwendung bringen und die Möglichkeiten des elektrotechnischen Schaffens erweitern.

Ein anderer wichtiger Vorzug der elektrischen Energie ist die hohe Sicherheit, mit der sie dem Verbraucher

---

[1] Bergmann, L.: Der Ultraschall und seine Anwendung in Wissenschaft und Technik. Berlin, VDI-Verlag G. m. b. H. 1937. Das Buch enthält einen ausführlichen Literaturnachweis.

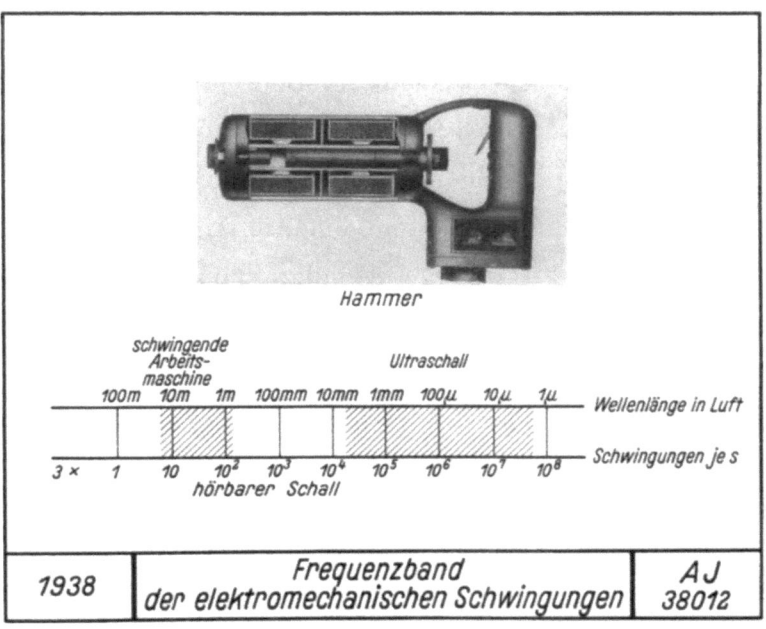

1938 | Frequenzband der elektromechanischen Schwingungen | AJ 38012

geliefert wird, und die stete Betriebsbereitschaft, die durch die Anwendung elektrischer Geräte erzielt wird.

Die Leistungskapazität industrieller Anlagen ist auch heute noch dauernd im Ansteigen begriffen. Parallel mit dieser Leistungssteigerung geht der Zusammenschluß der Kraftwerke und Übertragungsleitungen zu einem engmaschigen Versorgungsnetz mit riesigen Leistungskapazitäten, das den großen Vorteil hat, daß ein ständiger Energieausgleich zwischen den Stellen des Mangels und des Überschusses herbeigeführt werden kann. Diese Entwicklung hat zu großen und schwierigen Problemen geführt. Es mußten Netzgebilde gefunden werden, die auch den Gefahren im Störungsfall gewachsen sind. Es war notwendig, Schaltgeräte zu entwickeln, die in der Lage sind, größte Energieflüsse schnell und sicher zu unterbrechen. Die Vorgänge, die sich bei der Störung des Gleichgewichtszustandes elektrischer Kreise abspielen, vollziehen sich ungeheuer schnell. Es war deshalb überaus schwierig, das Wesen dieser Ausgleichsvorgänge zu erkennen und hieraus die Nutzanwendungen zu ziehen.

Die Elektrotechnik bringt uns jedoch nicht nur ungeheuer schnelle Vorgänge, sie liefert uns gleichzeitig auch die Hilfsmittel und Apparate, die uns in die Lage setzen, diese Vorgänge aufzuklären. Lange Zeit hindurch mußte man sich mit dem Schleifenoszillographen begnügen, der infolge seiner mechanischen Trägheit nur solche Zeitvorgänge erfassen kann, die sich etwa im Verlauf einer tausendstel Sekunde abspielen. Erst der Kathodenstrahl-Oszillograph brachte das Werk-

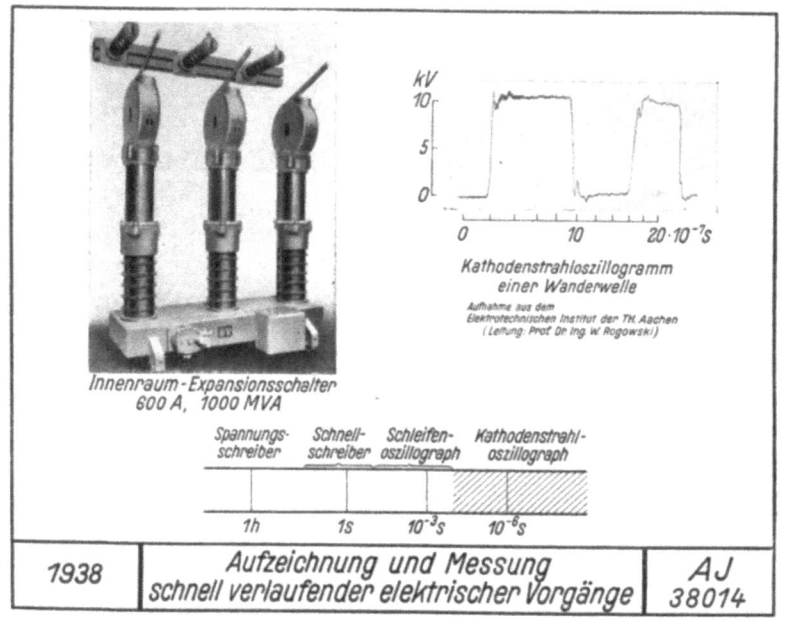

zeug[1], um auch noch schneller verlaufende Vorgänge klar und übersichtlich aufzuzeichnen. Er ist das Hilfsmittel, das unsere Erkenntnisse über Vorgänge beim Schalten großer Leistungen weiter vertieft und ausgebaut hat. Wir haben mit diesem Werkzeug die Forschung bei extrem schnellen Vor-

---

[1] Rogowski, W., und W. Größer: Archiv für Elektrotechnik. XV. Band, 1925, Seite 377 und folgende.

gängen vorwärtstreiben können, und unsere gesamte Schaltertechnik konnte hieraus Nutzen ziehen. Bei der Entwicklung dieses Gerätes kommen Herrn Professor Rogowski, der heute mit der Ehrenmitgliedschaft des VDE ausgezeichnet wurde, ganz besondere Verdienste zu.

Der grundlegende Wandel im Hochspannungsschalterbau, der sich durch den Übergang auf öllose und ölarme Schaltgeräte vollzogen hat, hat zahlreiche neue Probleme aufgeworfen, für deren Klärung der Schleifen- und Kathodenstrahl-Oszillograph wertvolle Dienste leisten konnte. Die Entwicklung in Richtung ölfreier und ölarmer Schaltgeräte und Schaltanlagen brachte eine Steigerung der Betriebssicherheit. Diese Entwicklung hat das Gesicht und den Aufbau der gesamten Schalt- und Verteilungstechnik in der Industrie grundlegend gewandelt.

Bei der Netzausbildung kann man feststellen, daß an vielen Stellen das Strahlennetz oder das Ringnetz vom Maschennetz abgelöst wird. Das Maschennetz, das heute sowohl bei der Energieverteilung öffentlicher Elektrizitätswerke als auch in der Industrie eine große Rolle

Kathodenstrahl-Oszillograph. Hergestellt im Elektrotechnischen Institut I der T. H. Aachen (Leitung Prof. Dr.-Ing. W. Rogowski)

spielt, hat den Vorzug, daß es nicht nur eine hohe Sicherheit in der Energielieferung bietet, sondern daß auch die Energie mit kleinsten Verlusten übertragen wird, daß eine hohe Spannungsstabilität erreicht wird und daß wir Leitungsmaterial, also Rohstoffe, einsparen. Das Wesen des Maschennetzes besteht letzten Endes mit darin, daß der Weg von der Hochspannung bis zum Verbraucher möglichst kurz gemacht wird. Durch die Vermaschung führen viele Wege vom Hochspannungstransformator zum Abnehmer, und der Strom sucht sich automatisch den Weg des geringsten Widerstandes. Bei der Ausgestaltung der Maschennetze wurde von den selektiven Schaltgeräten unserer hochentwickelten Schutztechnik Gebrauch gemacht. Beim Maschennetz werden mehr als bei anderen Netzsystemen Schalter und Sicherungen mit genauen Auslöse-Charakteristiken gebraucht, da man die Vorteile, die durch die Vermaschung entstehen, nur dann voll ausnutzen kann, wenn man für das selektive Abtrennen der gestörten Netzteile sorgt.

Das Problem des Energietransportes wurde erst durch die Elektrotechnik befriedigend gelöst. Da die Energiequellen und die Zentren des Verbrauches

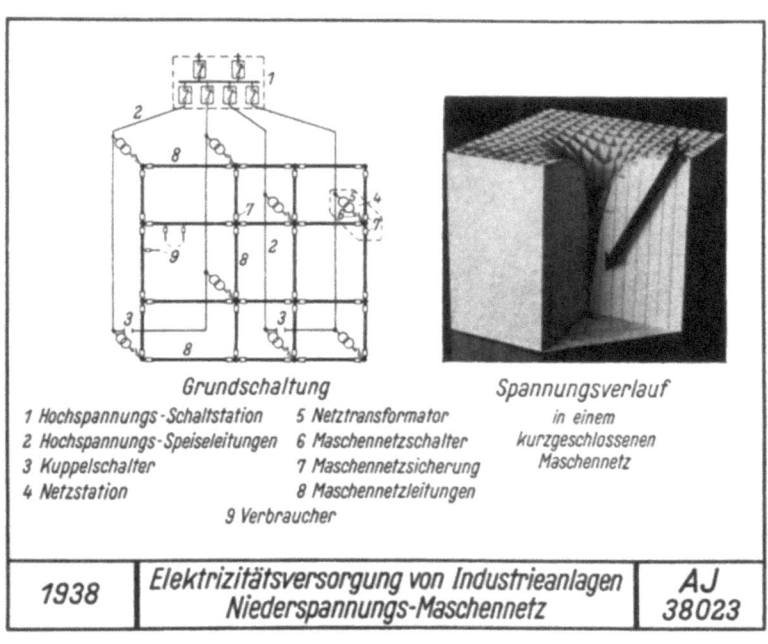

vielfach weit auseinanderliegen, muß eine Energieform gewählt werden, die sich leicht fortleiten läßt. Die Elektrizität erfüllt hier praktisch alle Wünsche, und durch die Entwicklungsarbeiten auf dem Gebiet der Höchstspannungsübertragungen werden viele Energieprojekte einer Lösung zugeführt werden können.

Die ungeheure Schnelligkeit, mit der sich elektrische Zustandsänderungen auswirken, bietet aber nicht nur

Schwierigkeiten, sondern bringt auch überragende Vorteile. Es lassen sich mit Hilfe der elektrischen Energie alle Impulse praktisch trägheitsfrei übertragen. Auf allen Gebieten der industriellen Fertigung finden wir als gemeinsames Kennzeichen ein Anwachsen der Arbeitsgeschwindigkeit und damit die Steigerung des Produktionstempos. Es ist deshalb naheliegend, daß zahlreiche Steueraufgaben, die man früher handwerklich oder mit den Hilfsmitteln des Maschinenbaues gelöst hat, in dem Augenblick zum Versagen verdammt waren, in dem das geforderte Tempo das hier mechanisch Erreichbare überstieg. An dieser Stelle mußte notwendigerweise die Elektrotechnik eingreifen.
Elektrische Steuerungen und Regelungen sind auch unübertrefflich hinsichtlich des Übersetzungsverhältnisses von Ursache zu Wirkung beziehungsweise hinsichtlich der Größe der Impulskräfte und der Größe der Steuerwirkungen. Durch das Emporblühen der Gasentladungstechnik wurden in dieser Richtung große Erfolge erzielt. Bei der Anwendung der Gittersteuerung im Stromrichter genügen wenige Tausendstel der umzuformenden Leistung,

Turbogruppe 85 000 Kilowatt, 1500 Umdrehungen je Minute, 14,5 Atm. abs. 360° C

um eine trägheitslose Ausführung des Steuerkommandos sicherzustellen. Es ist deshalb berechtigt, wenn wir sagen, daß sich das Übersetzungsverhältnis unserer gesamten Steuer- und Regeltechnik in einem hohen Ausmaß vervielfacht hat.
An dieser Stelle müßte nun eigentlich die Fernmeldetechnik behandelt werden. Denn man kann sagen, daß das Telephon, das nicht nur Impulse, sondern das gesprochene Wort weitergibt, die hochwertigste Form der Impulsübertragung ist. Die Mittel der Fernmeldetechnik erlauben die Fortleitung differenziertester Aufgabenstellung; es lassen sich größte Entfernungen überbrücken, und kleinste Energiemengen genügen als Nachrichtenträger. Fernsprecher, Schnellschreiber, Fernschreibmaschine, Telegraph und nicht zuletzt die kunstvollen Fernmeß- und Fernsteueranlagen mit ihren feinnervigen Relaissystemen sollen wenigstens dem Namen nach hier Erwähnung finden. Die Trägerwellen der Funktechnik umspannen den ganzen Erdball, sie übermitteln nicht nur das gesprochene Wort, sondern auch das bewegte Bild. Fernsehen und Fernbeobachtung werden für ausgedehnte Industrieanlagen noch

einmal von großer Bedeutung sein. Die Automatik der Nachrichtentechnik hat die gesamte Industrie befruchtet und hundertprozentig durchdrungen.

Eine andere Eigenschaft der elektrischen Energie besteht darin, daß wir den Energiefluß leicht unterteilen und in kleinste Leistungskomponenten aufspalten können. Bei nahezu allen anderen Kraft- und Antriebsmaschinen müssen wir danach streben, zu möglichst großen Leistungseinheiten zu kommen, um die Energiewandlung bei gutem Wirkungsgrad sicherzustellen. Elektrische Maschinen zeichnen sich dadurch aus, daß man nicht nur bei großen Leistungseinheiten, sondern auch bei kleinen und kleinsten Motoren noch günstige Wirkungsgrade erhalten kann. In der Antriebstechnik machen wir von der Teilbarkeit der Leistungseinheiten weitgehend Gebrauch. Auch auf dem Gebiet der Elektrowärme haben wir die Teilbarkeit und damit die feine Dosierbarkeit kennengelernt.

Zum Schluß möchte ich nun auf einen ganz grundlegenden Vorzug der elektrischen Energie, und zwar auf die leichte betriebsmäßige Meßbarkeit hinweisen. Erst die Einführung des elektrischen Antriebes hat uns einen klaren Einblick in die Größen der Energieflüsse gegeben, die in industriellen Betrieben wirksam sind. Viele Arbeitsmaschinen haben ihren Aufbau und ihre Konstruktion dadurch gewandelt, daß der Strommesser, der ein billiges und wohlfeiles Präzisionsinstrument geworden ist, angezeigt hat, daß da und dort ganz andere Energiemengen wirksam sind, als der Konstrukteur bisher angenommen hatte. Der Maschinenbauer ist durch die Elektrotechnik feinfühliger geworden; es wird ihm bei seinen Konstruktionen eine größere Zielsicherheit ermöglicht.

Die Elektrotechnik hat uns die vielgestaltigsten und mannigfaltigsten Instrumente und Meßgeräte beschert. Dabei ist zu beachten, daß die elektrische Meßtechnik nicht allein die Messung elektrischer Größen umfaßt, sondern daß die allermeisten Meßaufgaben elektrisch lösbar sind und auf elektrischem Wege häufig besonders einfach, bequem und genau gestaltet werden können.

Es ist völlig unmöglich, daß ich Ihnen hier auch nur einen Teil dieser Geräte und Einrichtungen vorführen kann. Um jedoch auch auf dem Gebiet der Messung und des Erkennens die Grenzen der derzeitigen Leistungs-

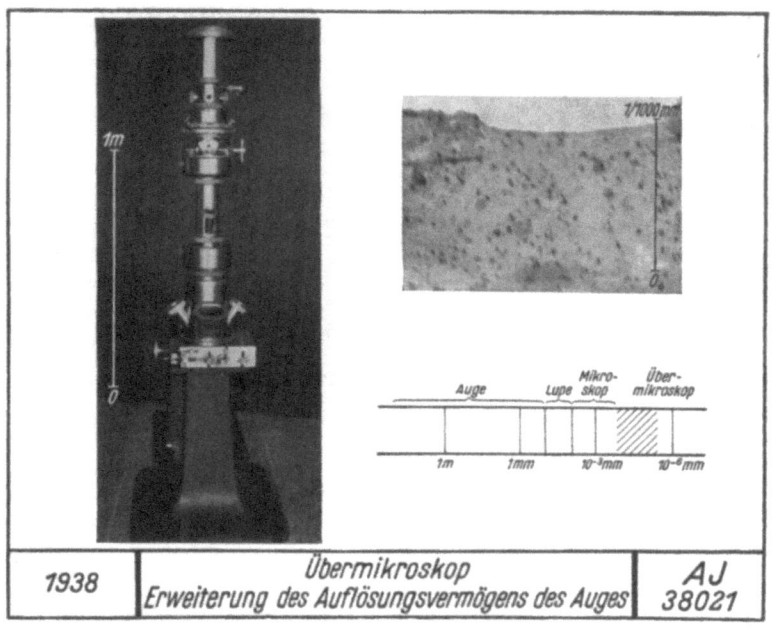

| 1938 | Übermikroskop
Erweiterung des Auflösungsvermögens des Auges | AJ
38021 |

fähigkeit zu streifen, möchte ich auf ein Instrument hinweisen, das für den Forscher schon heute eine große Bedeutung hat und das uns noch viele wesentliche Aufschlüsse auf den verschiedensten Gebieten liefern wird. Ich denke hierbei an das Elektronenmikroskop. Das Bild zeigt uns die Auflösungskraft unseres Auges und die Steigerung der Auflösefähigkeit, die wir durch die Lupe und das optische Mikroskop erreichen können.

Mit dem normalen Lichtmikroskop, das heute auf eine mehr als zweihundertjährige Entwickluug zurückblicken kann, ist höchstens eine Auflösung von Strecken bis herunter zu etwa 10^{-4} Millimeter möglich. Einen noch höheren Auflösungsgrad kann man nur mit Hilfe der Elektronenoptik erreichen.

Die im Vakuum frei fliegenden Elektronen zeigen in ihrem Verhalten eine gewisse Analogie zu den Lichtstrahlen. Man kann auch für die Elektronenstrahlen eine Art von Linsen herstellen, die aus elektrischen oder magnetischen Feldern bestehen, so daß man grundsätzlich zwei verschiedene Elektronenmikroskope, das elektrische und das magnetische, unterscheiden kann.

Das elektrische Elektronenmikroskop von Brüche und Johannson[1] wurde im Forschungsinstitut der AEG geschaffen und weiterentwickelt. Ein besonderes Anwendungsgebiet dieses Mikroskopes ist die Untersuchung von Kathoden bei Glühtemperatur, wo bekanntlich die lichtmikroskopische Betrachtung keine besonders aufschlußreichen Ergebnisse bringt. Das Instrument wurde

---

[1] Brüche, E. und O. Scherzer: Geometrische Elektronenoptik, Berlin: Julius Springer 1934.

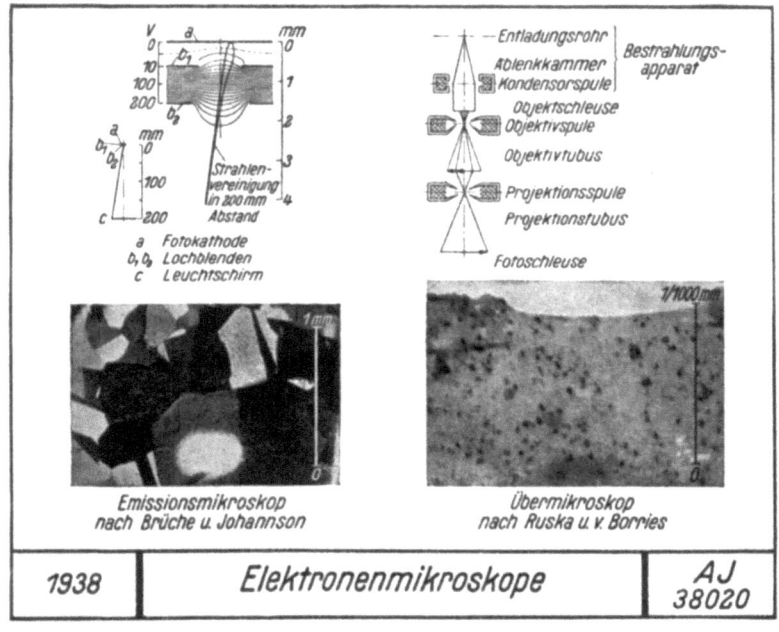

ferner vielfach zum Studium der Eigenschaften von emittierenden Körpern herangezogen. Das Elektronenbild, das Sie links sehen, stellt die Struktur einer Nickelfläche dar. Wenn auch die Vergrößerung nur relativ mäßig ist, da die Auflösungskraft dieses Mikroskopes sehr begrenzt ist, so stellt dieses Instrument doch einen ganz besonderen Erfolg dar und hat zu manchen Aufschlüssen geführt.

Ein großer Fortschritt wurde durch die Lösung der Aufgabe erzielt, von beliebigen elektronenfremden Objekten Bilder herzustellen. Die Erfüllung dieses Wunsches ist heute nur mit dem magnetischen Elektronenmikroskop, dem sogenannten Übermikroskop, möglich. Bei diesem Instrument werden von einer Strahlenquelle ausgehende Elektronen durch eine Kondensorlinse auf das Objekt gelenkt. Das vom Strahlenbündel durchsetzte Objekt wird in zwei Stufen durch die Objektiv- und Projektionsspule vergrößert, wobei das enorme Auflösungsvermögen schon heute Vergrößerungen bis zum 30000fachen linear zuläßt. Die Entwicklung dieses Übermikroskopes, die das Haus Siemens übernommen hat, wird heute im Zentrallaboratorium von S & H von B. von Borries und E. Ruska betreut.[1] Dieses Gerät wurde seinerzeit im Hochspannungs-Institut der Technischen Hochschule Berlin, das von Professor Matthias geleitet wird, von Ruska aus dem zuvor von Knoll und Ruska geschaffenen magnetischen Elektronenmikroskop heraus entwickelt. Das neue Gerät hat

---

[1] Borries, B. v., und E. Ruska: Wissenschaftliche Veröffentlichungen aus den Siemens-Werken. XVII. Band, 1. Heft, Seite 99 und folgende.

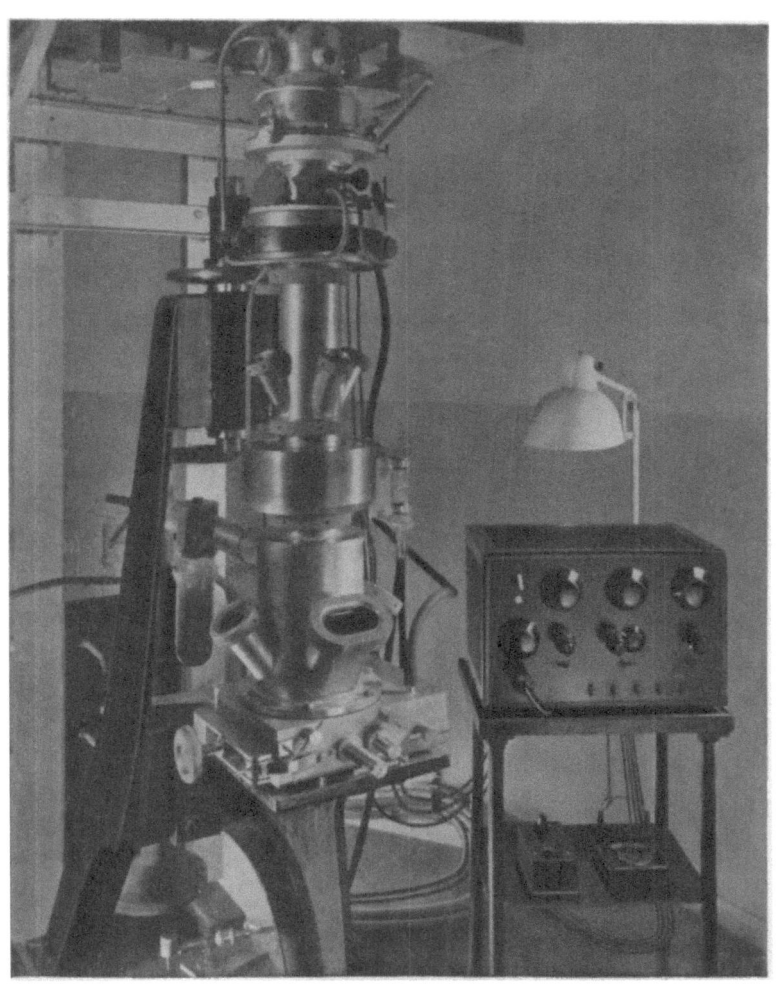

Übermikroskop

die Möglichkeit, Gegenstände in formgetreuer Abbildung dem menschlichen Auge zu erschließen, um Größenordnungen erweitert. Die Erkenntnisse und Anwendungen, die sich hieraus für die Forschung und damit für die verschiedensten Gebiete der Industrie wie auch der Chemie, Biologie und für die Medizin ergeben, sind zur Zeit noch gar nicht abzusehen. Bei der Aufnahme von kolloidalem Silber konnte, wie das Bild auf Seite 79 rechts zeigt, die enorme Auflösungskraft dieses Gerätes festgestellt werden. Man kann hier nicht nur die Form und die Größe einzelner Teile, sondern auch die Verteilung der Größenhäufigkeit ablesen.
Ein weiteres Bild zeigt Ihnen, wie chemisch gleiche Substanzen, beispielsweise Zinkweiß, im Übermikroskop Verschiedenheiten und Strukturdifferenzen erkennen lassen, die bisher unbekannt waren, und dem Chemiker wertvolle Fingerzeige und Anregungen vermitteln können. Auf vielen Gebieten, insbesondere der Chemie und der Medizin, wird der Einsatz dieses Instrumentes die derzeitigen Erkenntnisse ausweiten und vertiefen.
Sicherlich liegt der Schwerpunkt der Bedeutung des Übermikroskopes nicht an erster Stelle auf dem Gebiet

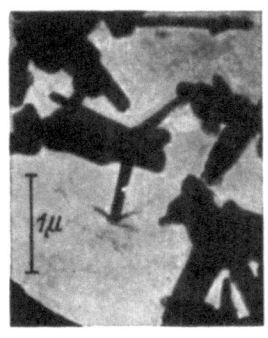
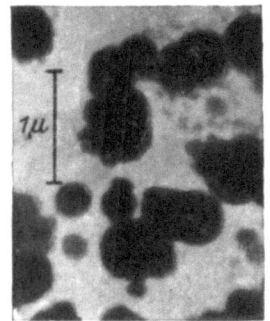

14000 fach   16600 fach

| 1938 | Elektronenoptische Vergrößerung verschiedener Arten von Zinkweiß (ZnO) mit dem Übermikroskop nach B. v. Borries und E. Ruska | AJ 38011 |

der Elektrotechnik. Es sind jedoch vorwiegend elektrische Hilfsmittel gewesen, die zum Bau dieses hochwertigen Instrumentes geführt haben, das noch zu einem bedeutenden Forschungsmittel vieler Industriezweige werden wird.

Meine Absicht war es, Ihnen durch dieses Beispiel zu zeigen, daß wir an Stellen, an denen wir die Grenze bisherigen Erkennens überschreiten wollen, nicht selten in hohem Maße auf die Elektrotechnik angewiesen sind und daß uns die Elektrotechnik wertvolle Hilfsmittel liefert, um in neue, unerforschte Gebiete einzudringen.

Ich habe versucht, Sie durch das große Gebiet der Elektrotechnik in der Industrie zu führen und habe dabei einen Weg gewählt, der zeigen soll, in welchem Ausmaß heute nahezu alle Gebiete der Industrie mit elektrischer Energie und Elektrotechnik durchsetzt sind; wir haben an einigen Beispielen das Anwachsen des spezifischen elektrischen Arbeitsinhaltes gesehen und ferner festgestellt, daß der Anteil an Arbeitsstunden zurückgeht und daß der Mensch von untergeordneten Arbeiten entlastet und für höhere, vor allem geistige Arbeiten frei gemacht wird.

Als Ursachen, die zu den großen Erfolgen der Elektrotechnik in der Industrie geführt haben, wurden festgestellt: die leichte Fortleitbarkeit der Elektrizität, ihre Wandelbarkeit sowohl in der eigenen Erscheinungsform als auch in andere Energiearten, die Trägheitslosigkeit, die beim Energietransport, bei der Steuerung und Regelung, bei der Messung und in der Nachrichtentechnik eine große Rolle spielt, ferner die Sicherheit, mit der elektrische Maschinen und Apparate betrieben werden können, die weitgehende Unterteilbarkeit der Leistungsflüsse, ferner die Steuerbarkeit und nicht zuletzt die leichte Meßbarkeit. Fast überall, wo wir auf die Grenze unserer Leistungsfähigkeit stoßen oder die Grenzen bisherigen Erkennens überschreiten wollen, treffen wir auf die Elektrotechnik. Sie führt uns in das Gebiet der höchsten und tiefsten Temperaturen, sie erzeugt die schnellsten Schwingungen. Der Kathodenstrahl-Oszillograph erfaßt die raschesten Zeitvorgänge, und das Übermikroskop, ein besonders hochwertiges elektrisches Instrument, bringt unserem Auge Bilder nahe und führt zu Aufschlüssen und Erkenntnissen, die kein anderes Hilfsmittel je bringen dürfte.

Ich bin mir vollkommen bewußt, daß ich aus dem ungeheuren Gebiet der Elektrotechnik in der Industrie nur kleine Ausschnitte gebracht habe, daß ich vieles nicht gesagt habe, was sich vielleicht zu sagen gelohnt hätte. Aber bei einem Thema, das einen so großen Rahmen behandeln soll, muß man sich stets auf weniges beschränken, will man sich nicht ins Uferlose verlieren.

Trotz des umfangreichen Materials, das hier zur Verfügung steht, habe ich mich aber mit Absicht nicht auf das beschränkt, was die Elektrotechnik bisher geleistet hat, sondern ich habe mich bemüht, auch die Aufgaben zu zeichnen oder wenigstens anzudeuten, die wir heute schon vor uns liegen sehen.

Es muß hier mit besonderem Nachdruck darauf hingewiesen werden, daß nicht nur zweckgerichtete Forschung zu pflegen ist, bei der das Ziel klar umrissen ist und bei der man schon ungeduldig auf die Ergebnisse wartet, sondern vor allem auch tiefe und breite Forschungsarbeit, die, abgerückt von Lärm und Getriebe des Alltags, in systematischer Weise die Probleme aufgreift und die, wie die Erfahrung lehrt, früher oder später auch durch wirtschaftliche Erfolge gekrönt wird.

Bei dem großen technischen Wettstreit der Nationen sind stets zwei Kraftkomponenten ausschlaggebend. Die eine dieser Komponenten besteht darin, das vorhandene Wissen schon frühzeitig durch neue Erkenntnisse zu erweitern und Forschungsarbeiten auf breitester Front durchzuführen.

Die zweite Komponente ist in einer hochentwickelten, verantwortungsbewußten Industrie zu suchen, die in der Lage ist, den Laboratoriumsversuch in großem Stil bei der industriellen Fertigung einzusetzen.

Nutznießer der Entwicklung wird stets der sein, der mit einem zeitlichen Vorsprung das erkennt, entdeckt oder erfindet, was seine Zeit bereits reifen ließ.

Wir sehen heute voll Stolz auf die Weltgeltung unserer Industrie, die auf den verschiedensten Gebieten, sei es Maschinenbau oder Elektrotechnik, Optik, Chemie, oder Metallurgie, Hervorragendes geleistet hat. Diese Leistungen hatten zähes und unermüdliches Arbeiten und Forschen zur Voraussetzung. Sie sind das Ergebnis einer innigen Zusammenarbeit aus drei bedeutenden Gruppen von Forschungsstätten: es sind dies unsere Hochschulen und Universitäten, die neben den Forschungsaufgaben der Erziehung der Jugend gewidmet sind, die verschiedenen Forschungsinstitute, die in freier, schöpferischer Arbeit nach neuen Erkenntnissen ringen, und in Deutschland nicht zuletzt die großen Forschungsinstitute der Industrie, die durch ihren wirkungsvollen Einsatz manche Pionierleistung vollbracht haben. Diese drei Gruppen als Stätten der deutschen Forschung müssen ausnahmslos bestens gepflegt und betreut werden, um sie in ihrer Einsatzbereitschaft und ihrer Stoßkraft zu festigen und zu erhalten. Nicht zuletzt muß dafür Sorge getragen werden, daß unsere Hochschulen die ewig junge Quelle bleiben, aus der wir neue Gedanken schöpfen, und die uns die Menschen heranbildet, die später die starken Träger unseres technischen Schaffens sind. Wir müssen deshalb unsere Hochschulen in personeller und sachlicher Beziehung mit den Mitteln unterstützen, die notwendig sind, um diese großen Aufgaben erfüllen zu können.

Diese verschiedenen Forschungsstätten müssen sich gegenseitig ergänzen und unterstützen, sie sollen in ihren Wechselbeziehungen und Wechselwirkungen zu einem harmonischen Zusammenspiel führen, das uns zu den großen schöpferischen Leistungen befähigt, auf die wir gerade in Deutschland nicht verzichten können. Dieses Zusammenspiel war auch die Grundlage für die früheren

Erfolge. Es muß aber mehr noch für die Zukunft das tragfähige, festgefügte Fundament sein, das uns die Bewältigung neuer, großer und schwieriger Aufgaben sichern hilft. Diese Voraussetzungen mit der klaren Erkenntnis, daß die Elektrotechnik noch weit davon entfernt ist, in einen Zustand der Sättigung oder des Endgültigen geraten zu sein, verpflichten uns als Deutsche mehr als andere Nationen, die Entwicklung mit ganzer Kraft voranzutreiben. Nicht nur, weil die Wiege vieler elektrotechnischer Errungenschaften in Deutschland stand und mit die bedeutendsten Pioniere der Elektrotechnik Deutsche waren, sondern weil die Elektrotechnik einen wichtigen Helfer im Kampf um unsere wirtschaftliche Selbständigkeit ist. Es ist daher dringend notwendig, daß sich auch die Jugend um die Fahne der Elektrotechnik schart und das Ringen, das unsere großen Pioniere begonnen haben, erfolgreich fortführt. Die Elektrotechnik ist auch heute noch von Jugendlichkeit erfüllt, sie ruft deshalb die deutsche Jugend auf, Mitkämpfer zu sein.

Wir müssen vor dem, was bisher geleistet wurde, größte Ehrfurcht empfinden. Trotzdem darf man den Wert und die Bedeutung der Elektrotechnik nicht allein an dem bisher Erreichten messen — man muß vielmehr in den Zukunftsmöglichkeiten das Bedeutsamere sehen. Aus dieser Erkenntnis heraus wollen wir uns auch der Verantwortung bewußt werden, die wir alle als Schaffende der deutschen Elektrotechnik vor Volk und Reich zu tragen haben.

MIX
Papier aus verantwortungsvollen Quellen
Paper from responsible sources
FSC® C105338

If you have any concerns about our products,
you can contact us on
ProductSafety@springernature.com

In case Publisher is established outside the EU,
the EU authorized representative is:
**Springer Nature Customer Service Center GmbH
Europaplatz 3, 69115 Heidelberg, Germany**

Printed by Libri Plureos GmbH
in Hamburg, Germany